普通高等学校“十四五”规划数字装配式建筑系列教材

BIMBase应用技术基础培训手册

主编◎郭保生 杨振轩（学校）
牛沙沙 陈雅旋（企业）

主审◎袁富贵 刘淑娟（学校）
赵艳辉 宋方旭（企业）

联合编制 粤港澳大湾区装配式建筑技术培训中心
北京构力科技有限公司

华中科技大学出版社
中国·武汉

目　录

1　BIMBase应用技术基础培训项目介绍 …… 1
2　BIMBase应用技术基础培训教学计划 …… 3
3　BIMBase应用技术基础培训教学大纲 …… 5

1 BIMBase 应用技术基础培训项目介绍

1. 我国 BIM 技术发展前景

人类社会正处于高速信息化的阶段。随着社会的发展，建筑业进入信息化的时代，而 BIM 技术的发展与应用正是建筑业进入信息化时代的标志之一。

住房和城乡建设部在《"十四五"建筑业发展规划》中指出，加快推进建筑信息模型(BIM)技术在工程全寿命期的集成应用，健全数据交互和安全标准，强化设计、生产、施工各环节数字化协同，推动工程建设全过程数字化成果交付和应用。

BIM 是建筑信息模型(Building Information Modeling)的英文简称，具有可视化、协调性、模拟性、优化性、可出图性五大特点，这使得以 BIM 应用为载体的项目管理信息化可以三维渲染、宣传展示，快速算量、精度提升，精确计划、减少浪费，多算对比、有效管控，虚拟施工、有效协同，冲突调用、决策支持，从而提升项目生产效率、提高建筑质量、缩短工期、降低建造成本。

基于这样的特点和优势，BIM 技术对建筑业的主要参与方产生了积极的影响，使工程项目信息得到更好的创建、共享，为项目提供互相协调、一致及可运算的信息，帮助工程参与者联系更加紧密，提高了决策的效率和正确性。

北京构力科技有限公司积极承担建筑业关键技术 BIM 平台的自主研发，打造自主知识产权的 BIMBase 平台，使其成为建筑业国产 BIM 二次开发平台，建立我国自主 BIM 的软件生态。基于自主 BIMBase 平台推出 PKPM-BIM 全专业协同设计系统、装配式建筑全流程集成应用系统、BIM 报建审批系统、智慧城区管理系统等 BIM 全产业链整体解决方案，助力我国建筑业数字化转型与升级。

由北京构力科技有限公司和广东白云学院推出的 BIMBase 应用技术基础培训，以 BIM 技术与理论为核心，融合管理学领域及新兴信息技术等知识，通过宏观层面的解读和微观层面的剖析，对照国内成熟案例和国外先进经验，提供系统性、框架性的方法论与解决路径。

2. 学习地点

学习地点为粤港澳大湾区装配式建筑技术培训中心。中心配有现代化教室、投影仪、三维 VR 虚拟仿真室、云平台、实体建筑样板。

3. 培训模式

遵照标准化、正规化、一体化、实用化的培训理念，采用理论、实训、实操相融合，脱产和业余任选的培训模式。

4. 教师团队

由广东白云学院及粤港澳大湾区装配式建筑技术培训中心的教授、专家和企业的工程师共同组成联合教师团队，开展 BIMBase 应用技术基础培训。授课教师有：郭保生（教授）、汪星（教授）、袁富贵（副教授）、丁斌（副教授）、赵艳辉（高级工程师）、唐小方（讲师）、陈晓旭（讲师）、宋方旭（工程师）、牛沙沙（工程师）、杨振轩（讲师）、陈雅旋（工程师）。

5. 考核发证

培训合格后，由广东白云学院、粤港澳大湾区装配式建筑技术培训中心、北京构力科技有限公司联合颁发初级、中级、高级的培训合格证书，也可发人力资源和社会保障部的 BIM 初级、中级、高级培训合格证书。

2　BIMBase应用技术基础培训教学计划

BIMBase应用技术基础培训教学计划见表2-1，教学进度安排见表2-2。

表2-1　BIMBase应用技术基础培训教学计划

<table>
<tr><td colspan="2">课程名称</td><td colspan="5">BIMBase应用技术基础</td><td colspan="3">培训班级</td><td colspan="4">2022-pc-1(pc指培训初级)</td></tr>
<tr><td colspan="2">专业</td><td colspan="3">土木工程</td><td colspan="2">班级</td><td colspan="3"></td><td colspan="2">层次</td><td colspan="2">本科</td></tr>
<tr><td colspan="3">本课程开课时间</td><td colspan="2"></td><td colspan="3">本课程总学分</td><td colspan="2">2</td><td colspan="2">本学期学分</td><td colspan="2">2</td></tr>
<tr><td colspan="3">本学期教学周数</td><td colspan="2">8周</td><td colspan="3">理论教学</td><td colspan="2">18学时</td><td colspan="2">实践教学</td><td colspan="2">14学时</td></tr>
<tr><td colspan="3">习题(讨论)</td><td colspan="2">0学时</td><td colspan="3">机动</td><td colspan="2">0学时</td><td colspan="2">总计</td><td colspan="2">32学时</td></tr>
<tr><td colspan="2">主教材名称</td><td colspan="8">《BIMBase应用技术基础》</td><td colspan="2">主编</td><td colspan="2">郭保生、杨振轩
牛沙沙、陈雅旋</td></tr>
<tr><td colspan="2" rowspan="3">参考资料</td><td colspan="7">书名</td><td colspan="2">主编</td><td colspan="3">出版社</td></tr>
<tr><td colspan="7">《BIM技术应用实务:建筑部分》</td><td colspan="2">唐艳、郭保生</td><td colspan="3">武汉大学出版社</td></tr>
<tr><td colspan="7">《BIM技术应用实务:建筑设备部分》</td><td colspan="2">郭娟、袁富贵</td><td colspan="3">武汉大学出版社</td></tr>
<tr><td colspan="14">说明</td></tr>
<tr><td colspan="14">按照粤港澳大湾区装配式建筑技术培训中心的要求，贯彻以学生为中心的理念，坚持“面向校园”“面向专业”“面向职业”的原则。全部教学内容包括:BIMBase理论概述;国产BIMBase软件建模及建模环境介绍;国产BIMBase建模方法;建筑专业建模;结构专业建模;建筑设备专业建模;国产BIMBase模型完善及输出;国产BIMBase成果输出</td></tr>
<tr><td colspan="14">考核方案</td></tr>
<tr><td>序号</td><td colspan="3">考核项目</td><td colspan="2">权重</td><td colspan="7">评价标准</td><td>考核时间</td></tr>
<tr><td>1</td><td colspan="3">出勤</td><td colspan="2">10%</td><td colspan="7">全勤100分，迟到扣10分/次，旷课扣25分/次</td><td>1～8周</td></tr>
<tr><td>2</td><td colspan="3">课堂回答问题及作业</td><td colspan="2">20%</td><td colspan="7">课堂上回答教授问题的准确性和课堂作业的正确性</td><td>1～8周</td></tr>
<tr><td>3</td><td colspan="3">期中阶段性测验</td><td colspan="2">20%</td><td colspan="7">检查期中阶段的学习情况</td><td>4周</td></tr>
<tr><td>4</td><td colspan="3">期末课程考试(闭卷)</td><td colspan="2">50%</td><td colspan="7">综合知识达到教学大纲要求，依照标准答案评定</td><td>8周</td></tr>
</table>

注:①培训教学计划依据培训教学大纲制订授课计划;②本计划由主讲教师填写，一式三份，经培训部主任签字后送教务处一份，培训部一份，主讲教师一份;③考核项目不少于3个;④期末课程考试(闭卷)为笔试。

主讲教师:__________　　　　　　　　　　　　培训部主任:__________

年　　月　　日

表 2-2　教学进度安排

周次	课次	教学内容	学时	授课方式	课外作业	备注
1	1	第 1 章　BIMBase 理论概述	2	理论教学		
1	2	第 2 章　国产 BIMBase 软件建模及建模环境介绍	2	理论教学		
2	3	第 3 章　国产 BIMBase 建模方法	2	理论教学＋实践教学		
2	4	第 4 章　建筑专业建模(1)	2	理论教学＋实践教学		
3	5	第 4 章　建筑专业建模(2)	2	理论教学＋实践教学		
3	6	第 4 章　建筑专业建模(3)	2	理论教学＋实践教学		
4	7	第 4 章　建筑专业建模(4)	2	理论教学＋实践教学		
4	8	第 5 章　结构专业建模(1)	2	理论教学＋实践教学		
5	9	第 5 章　结构专业建模(2)	2	理论教学＋实践教学		
5	10	第 5 章　结构专业建模(3)	2	理论教学＋实践教学		
6	11	第 5 章　结构专业建模(4)	2	理论教学＋实践教学		
6	12	第 6 章　建筑设备专业建模(1)	2	理论教学＋实践教学		
7	13	第 6 章　建筑设备专业建模(2)	2	理论教学＋实践教学		
7	14	第 6 章　建筑设备专业建模(3)	2	理论教学＋实践教学		
8	15	第 7 章　国产 BIMBase 模型完善及输出	2	理论教学＋实践教学		
8	16	第 8 章　国产 BIMBase 成果输出	2	理论教学＋实践教学		

注:本表可续。

3　BIMBase 应用技术基础培训教学大纲

1. 课程描述

“BIMBase 应用技术基础”是土木工程专业的一门核心课程，是以 BIMBase 平台及其相关应用为研究对象的一门综合性、实践性较强的课程，对培养学生使用 BIMBase 的能力具有重要作用，也是服务于应用型本科人才培养目标的一门重要课程。

通过本课程的学习，学生能够了解学习前沿技术，掌握集成化 BIMBase 应用的整体框架、方法论、流程和工具，具备跨学科、跨领域视野，拥有从 BIMBase 技术应用到协同管理的价值提升，初步具备 BIMBase 建模的能力。本课程的学习为学生今后在工作中运用 BIMBase 平台解决工程实际问题打下基础、做好准备。

2. 前置课程说明

前置课程说明见表 3-1。

表 3-1　前置课程说明

课程代码	课程名称	与课程衔接的重要概念、原理及技能
	房屋建筑学	掌握建筑设计原理，具备一定的设计能力，使学生掌握房屋各组成部分的构造，并能绘制构造详图，进行建筑单一空间的设计和空间组合设计
	建筑制图与 AutoCAD	熟练掌握 AutoCAD 的基本绘图方法、编辑方法与技巧，熟练运用 AutoCAD 软件进行建筑图形设计，初步具备从事建筑工程设计工作的能力

3. 课程目标与专业人才培养规格的相关性

课程目标与专业人才培养规格的相关性见表 3-2。

表 3-2　课程目标与专业人才培养规格的相关性

课程目标	相关性
知识培养目标：了解 BIMBase 技术一般概念，了解 BIMBase 相关绘图软件一般知识，掌握 BIMBase 相关软件的基本操作，掌握图形文件管理的一般操作知识，熟悉建筑信息模型建立及运用的基本操作方法	C

续表

课程目标	相关性
能力培养目标：使学生在熟练掌握BIMBase相关应用软件的基本操作命令及绘制工程模型的基本方法和技巧的前提下，能够顺利地绘制各种工程模型，培养学生用计算机绘制工程模型的技能，为后续课程的学习打下坚实的基础	C
素质养成目标：全面培养学生的社会就业能力，在学生掌握专业技能的基础上，加强对学生实际应用能力的综合素质培养，结合社会就业需要及就业领域的要求，利用项目驱动，使学生具有团结协作、爱岗敬业、吃苦耐劳、踏实肯干的精神	A/B
专业人才培养规格	
A	具有良好的政治素质、文化修养、职业道德、服务意识、健康的体魄和心理
B	具有较强的语言文字表达能力、收集处理信息能力、获取新知识的能力。具有良好的团结协作精神和人际沟通、社会活动等基本能力
C	熟练掌握施工图设计程序，具备较强的工程设计能力

4. 课程考核方案

(1) 考核类型：BIMBase应用技术基础等级考核。

(2) 考核形式：理论与实践相结合。

5. 具体考核方案

具体考核方案见表3-3。

表3-3 具体考核方案

序号	考核项目	权重	评价标准	考核时间
1	出勤 (学习参与类)	10%	全勤100分，迟到扣10分/次，早退扣10分/次，旷课扣20分/次，扣完为止	1～8周随堂
2	作业完成情况 (学习参与类)	10%	3次作业，100分，20分/次	第3、4、6周
3	期中口头报告 (阶段性测验类)	20%	小结性口头报告，100分。准备充分占15%；表达清楚占15%；收获体会及问题占70%	第4周
4	结业考核	60%	综合知识达到教学大纲要求，依照标准答案评定，颁发合格证书	第8周

由广东白云学院、粤港澳大湾区装配式建筑技术培训中心、北京构力科技有限公司联合颁发初级、中级、高级的培训合格证书，也可发人力资源和社会保障部的BIM初级、中级、高级培训合格证书。

6. 课程教学安排

课程教学安排见表3-4。

表 3-4 课程教学安排

序号	教学模块	教学单元	单元目标	课时	教学策略	学习活动	学习评价
1	BIMBase应用技术基础	BIMBase理论概述	知识培养目标：掌握BIMBase标准与基本体系、国家政策、企业发展。 能力培养目标：对全生命周期BIMBase应用框架和实施流程有基础的认知。 素质培养目标：认识重要性和实用性	2	从展示设计单位具体成果引入新课	(1)课堂演示、现场操作指导； (2)课外自行上网下载相关软件进行安装使用； (3)上机操作练习	对绘制图纸的熟练、质量及图面的合理性进行评价；学生上机操作；老师对模型进行逐一点评
2		国产BIMBase软件建模及建模环境介绍	知识培养目标：理解界面构成；掌握基本操作以及如何配置绘图环境，掌握软件的基本操作。 能力培养目标：对软件有基础的认知，掌握软件的基本操作。 素质培养目标：认识重要性和实用性	2	从展示设计单位具体成果引入新课	(1)课堂演示、现场操作指导； (2)课外自行上网下载相关软件进行安装使用； (3)上机操作练习	
3		国产BIMBase建模方法	知识培养目标：掌握国产BIMBase建模软件、硬件、环境设置；掌握国产BIMBase建模流程。 能力培养目标：对BIMBase软件通用建模功能有基础的认知，了解不同专业的BIMBase建模方式。 素质培养目标：培养学生严谨细致的良好学习习惯和科学的工作态度	2	结合工程实例，从实用的角度，实际命令与使用技巧相结合	(1)课堂演示； (2)上机操作练习； (3)按照要求完成作业	

续表

序号	教学模块	教学单元	单元目标	课时	教学策略	学习活动	学习评价
4		建筑专业建模	知识培养目标：熟练掌握标高、轴网、墙体、门窗、楼板、幕墙、屋顶、栏杆扶手的绘制。 能力培养目标：能根据项目的要求，按照制图标准进行简单建模，并对其进行编辑和修改。 素质培养目标：培养学生严谨细致的良好学习习惯和科学的工作态度	8	结合工程实例，从实用的角度，实际命令与使用技巧相结合	(1)课堂演示； (2)上机操作练习； (3)按照要求完成作业，绘制建筑模型	
5	BIMBase应用技术基础	结构专业建模	知识培养目标：掌握基础、梁、楼板、钢筋等的绘制，进行结构建模。 能力培养目标：能根据具体项目的要求掌握结构建模，合理且准确地应用到实际中。 素质培养目标：使学生在实际工程中具备创新与创业的基本能力	8	结合工程实例，从实用的角度，实际命令与使用技巧相结合	(1)课堂演示； (2)上机操作练习； (3)按照要求完成作业，熟练建立结构模型	对绘制图纸的熟练、质量及图面的合理性进行评价；学生上机操作；老师对模型进行逐一点评
6		建筑设备专业建模	知识培养目标：掌握给排水、暖通、电气专业模型的创建。 能力培养目标：能根据工程具体要求进行给排水、暖通、电气专业模型的创建。 素质培养目标：使学生养成科学、严谨、实事求是、坚持原则的工作作风	6	结合工程实例，从实用的角度，实际命令与使用技巧相结合	(1)课堂演示； (2)上机操作练习； (3)按照要求完成作业	

续表

序号	教学模块	教学单元	单元目标	课时	教学策略	学习活动	学习评价
7	BIMBase应用技术基础	国产BIMBase模型完善及输出	知识培养目标：掌握对实体构件增加自定义属性信息的方法。 能力培养目标：能根据工程具体要求生成平面图、立面图、三维剖切视图。 素质培养目标：使学生养成自学的能力	2	结合工程实例，从实用的角度，实际命令与使用技巧相结合	（1）课堂演示； （2）上机操作练习； （3）按照要求完成作业	对绘制图纸的熟练、质量及图面的合理性进行评价；学生上机操作；老师对模型进行逐一点评
8		国产BIMBase成果输出	知识培养目标：掌握BIMBase清单统计表的创建输出方法。 能力培养目标：能根据工程具体要求，完成BIMBase各专业图纸创建流程。 素质培养目标：使学生养成自学的能力	2	结合工程实例，从实用的角度，实际命令与使用技巧相结合	（1）课堂演示； （2）上机操作练习； （3）按照要求完成作业	

7. BIMBase应用技术基础培训教学大纲基本内容

BIMBase应用技术基础培训教学大纲基本内容见表3-5。

表3-5 BIMBase应用技术基础培训教学大纲基本内容

教学内容	基本内容	重点	难点	授课方式
1 BIMBase理论概述	（1）BIMBase基本概述。 （2）BIMBase标准与基本体系、国家政策、企业发展等。 （3）全生命周期BIMBase应用框架和实施流程。 （4）BIMBase软件体系介绍	BIMBase标准与基本体系	全生命周期BIMBase应用框架和实施流程	理论教学

续表

教学内容	基本内容	重点	难点	授课方式
2　国产BIMBase软件建模及建模环境介绍	（1）国产BIMBase建模软件、硬件、环境设置。 （2）国产BIMBase建模流程。 （3）BIMBase软件通用建模功能。 （4）不同专业的BIMBase建模方式	国产BIMBase建模流程	BIMBase软件通用建模功能	理论教学
3　国产BIMBase建模方法	（1）项目新建打开方式。 （2）实体创建方法，如墙体、柱、梁、门、窗、楼地板、屋顶、楼梯、管道、管件、机械设备等。 （3）构件实体基本编辑方法，如移动、复制、旋转、删除、镜像等	实体创建方法	构件实体基本编辑方法	理论教学＋实践教学
4　建筑专业建模	（1）用BIMBase软件进行建筑套型指标分析。 （2）建筑方案推敲及方案展示的方法。 （3）建筑日照模拟分析的BIMBase应用方法。 （4）建筑光环境（自然采光）模拟分析的BIMBase应用方法。 （5）建筑节能模拟分析的BIMBase应用方法。 （6）建筑碳排放计算的BIMBase应用方法。 （7）建筑暖通负荷模拟分析的BIMBase应用方法。 （8）建筑声环境、建筑室外风环境、建筑室内空气质量（空气龄）等绿色建筑模拟分析的BIMBase应用方法。 （9）总图设计中场地设计等应用方法	建筑节能模拟分析的BIMBase应用方法、建筑碳排放计算的BIMBase应用方法	总图设计中场地设计等应用方法	理论教学＋实践教学
5　结构专业建模	（1）通过BIMBase软件进行结构专业的可视化交底的方法。 （2）结构体系的加载方法。 （3）框架结构、剪力墙结构、框架-剪力墙结构等常见结构的计算分析方法。 （4）结构内力配筋设计计算方法及结构计算书的生成方法。 （5）应用BIMBase模型出结构模板图，柱、梁、板配筋图	框架结构、剪力墙结构、框架-剪力墙结构等常见结构的计算分析方法	应用BIMBase模型出结构模板图，柱、梁、板配筋图	理论教学＋实践教学

续表

教学内容	基本内容	重点	难点	授课方式
6 建筑设备专业建模	（1）通过BIMBase软件进行建筑设备类专业施工方案模拟和施工工艺展示的方法。 （2）利用BIMBase模型进行管道系统运行工况参数信息录入的方法。 （3）本专业内管道及设备之间的软、硬碰撞检查方法。 （4）利用BIMBase技术针对与其他专业间问题进行深化设计与优化的方法。 （5）利用BIMBase模型完成所涵盖的各专业系统分析与校核的方法。 （6）利用BIMBase模型进行管道系统安装与设备管理的方法	本专业内管道及设备之间的软、硬碰撞检查方法	利用BIMBase模型完成所涵盖的各专业系统分析与校核的方法	理论教学+实践教学
7 国产BIMBase模型完善及输出	（1）实体构件增加自定义属性信息。 （2）BIMBase模型标注注释样式及其设定。 （3）BIMBase房间空间、区域属性布置及修改。 （4）BIMBase模型生成立面图、剖面图、三维剖切视图的流程	实体构件增加自定义属性信息	BIMBase模型生成立面、剖面、三维剖切视图的流程	理论教学+实践教学
8 国产BIMBase成果输出	（1）BIMBase清单统计表的创建输出方法。 （2）BIMBase各专业图纸创建流程。 （3）BIMBase模型文件协同与数据转换的方法。 （4）BIMBase模型对接轻量化浏览应用方式	BIMBase清单统计表的创建输出方法	BIMBase各专业图纸创建流程	理论教学+实践教学